SISTÊME

DU

MOUVEMENT,

Par M. DE GAMACHES Chanoine
Regulier de Sainte Croix
de la Bretonnerie.

A PARIS,

Chez JEAN-MICHEL GARNIER,
Imprimeur - Libraire, rue Galande,
près la Place-Maubert.

___

M. DCC. XXI.

Avec Approbation & Privilege du Roy.

AVERTISSEMENT.

LEs Questions qui re-
gardent le Mouvement
en general, sont très-
difficiles à resoudre, du moins
quand on ne veut raisonner que
sur des idées claires, & ne dire
que ce qui peut être dit avec
preuve ; ce qu'on croit le mieux
sçavoir, est souvent ce qu'on
auroit le plus de peine à justifier.
Je suis sûr, par exemple, qu'on
se trouveroit fort embarassé si
l'on avoit à faire voir qu'il
y a du mouvement. C'est qu'a-
vant toutes choses il faudroit

A ij

prouver l'exiſtence des corps : exiſtence dont nous ne pouvons gueres nous aſſurer que par proviſion ; que cela ſoit dit cependant ſans déplaire à ceux à qui l'autorité des ſens tient lieu de preuve. Il s'agit ici de philoſopher, & de philoſopher ſur-des idées claires. Je demande donc, comment pouvons-nous être ſûrs que les corps exiſtent ? eſt-ce parce que nous les voyons ? Mais pour cela il faudroit que nous les viſſions en eux mémes : Or tout Philoſophe conviendra que nous ne les ſçaurions voir que par les Images, ou par les idées qui nous les repreſentent. Eh ! qui peut nous aſſurer que ces idées, ou ces images ne ſe

prefentent point à faux à nôtre
efprit.

Accordons cependant qu'il y
a des corps ; faifons plus , ces
corps dont nous voulons bien
paffer l'exiftence , fuppofons-
les vifibles par eux-mémes ; je
dis qu'avec cela nous ne pour-
rions encore rien conclure de
certain fur la réalité du mouvement. Voici pourquoi : que
les objets qui fe prefentent à
nous , foient de fimples appa-
rences , ou que ce foient les corps
mefmes que les Philofophes fup-
pofent ne pouvoir être que ré-
prefentés ; quelque fuppofition
que l'on faffe , il faudra toûjous
convenir que les qualités fenfibles qui nous font diftinguer

ces objets, ne font en eux que des qualités apparentes, dont nous poſſedons toute la réalité. Ainſi quand il nous paroît qu'un corps eſt en mouvement, que ſçavons-nous, ſi cela ne vient point de ce que differentes parties de la matiere nous préſentent ſucceſſivement les memes qualités ſenſibles ? peut-être ſont-ce nos ſentimens qui ſe promenent dans les eſpaces que les corps nous paroiſſent parcourir. Ce n'eſt pas tout, je dis que dans quelque ſiſteme que ce ſoit, le mouvement ne peut etre viſible ; car un corps ne ſe meut que quand il ſe trouve ſucceſſivement en differens endroits, que quand il paſſe d'un lieu dans un autre : Or il est évident que nous ne sçaurions le voir que dans un seul endroit à la fois : Nous ne le voyons donc point changer de place, nous nous res-souvenons seulement qu'il en a changé ; mais comment nous en ressouvenons-nous ? c'est par une idée presente, qui à la rigueur pourroit exister, sans qu'il y eut jamais eu rien de semblable à ce que nous croyons qu'elle nous rapelle.

Après tout, je conviens que ce ne sont là que des doutes philosophiques, on se mocqueroit de quiconque voudroit s'y arrêter. Aussi pour éviter le ridicule, vaut-il souvent mieux croire sans preuve, que de dou-

1er avec raison. Sur ce pied-là,
je passe la réalité du mouvement ; mais on demande quelle
est sa nature, quelle est sa cause,
& comment il se communique :
ce sont trois questions que je
vais essayer de resoudre. Si je
m'éloigne en quelque chose des
sentimens reçus, ou même juridiquement approuvés, ce ne
sera point par affectation : J'u-
serai seulement de la liberté
qu'ont les Philosophes, de ne
prendre que la raison pour guide
lors qu'il s'agit de philosopher ;
c'est un privilege qui leur est
acquis, & peut-etre ne trou-
vera-t-on pas mauvais que j'en
veüille joüir avec eux. Quoi-
qu'il en soit, je crois devoir

avertir qu'il est necessaire de se
rendre attentif, il faut que
j'entre dans des raisonnemens
metaphisiques, & l'on sait que
ces sortes de raisonnemens sont
moins faciles à suivre que ceux
qui roulent sur les choses dont
on est frapé, ou sur les idées
palpables de ce qui se compte,
ou de ce qui se mesure. Il nous
en coûte pour nous fixer à ce
qui se derobe à nos sens, & à
nôtre imagination : ce qui n'est
que l'objet de l'esprit pur, semble n'avoir point de prise pour
nous. Cela ne nous fait en verité pas d'honneur, & il est
étonnant qu'après d'aussi grands
maîtres que ceux que nous a
fourni nôtre siécle, nous n'ayons

point encore acquis la facilité
de nous élever au deſſuſ des
conceptions communes : Si ce
n'eſt pas nôtre faute, nous en
ſommes plus à plaindre ; mais
du moins nôtre attention depend-
t-elle de nous : donnons là donc
à ce que nous avons à recher-
cher ici.

Garnier, de faire imprimer ledit Livre en telle forme, marge, caractere, & autant de fois que bon lui semblera, & de le vendre, faire vendre, & débiter par tout nôtre Roïaume, pendant le temps de *trois années consecutives*, à compter du jour de la datte desdites Presentes; faisons deffenses à tous Imprimeurs & Libraires, & autres personnes de quelque qualité & condition qu'elles soient, d'en introduire d'Impression étrangere dans aucun lieu de nôtre obéïssance; à la charge que ces Presentes seront enregistrées tout au long, sur le Registre de la Communauté des Imprimeurs & Libraires de Paris, & ce dans trois mois de la datte d'icelle; que l'impression de ce Livre sera faite dans nôtre Roïaume & non ailleurs, en bon papier, & en beaux caracteres, conformement aux Reglemens de la Librairie; & qu'avant que de l'exposer en vente, le Manuscrit ou Imprimé qui aura servi de Copie à l'impression dudit Livre, sera remis dans le même état où l'Approbation y aura été donnée, ès mains de nôtre tres cher & féal Chevalier Chancelier de France, le Sieur Daguesseau, & qu'il en sera ensuite remis deux Exemplaires dans nôtre Bibliotheque publique, un dans celle de nôtre Château du Louvre, & un dans celle de nôtre tres cher & féal Chevalier Chancelier de France, le Sieur Daguesseau; le tout à peine de nullité des Presentes: Du contenu desquelles vous mandons & enjoignons de faire joüir l'Exposant ou ses ayans cause pleinement & paisiblement sans souffrir qu'il leur soit fait aucun trouble ou empêchement. Voulons que la Copie desdites Presentes qui sera imprimée tout au long au commencement ou à la fin dudit Livre, foy foit ajoûtée comme à l'Original : Commandons au premier nôtre Huiffier ou Sergent de faire pour l'éxécution d'icelle, tous actes requis & néceffaires, fans demander autre permiffion, & nonobftant Clameur de Haro, Charte Normande, & Lettres à ce contraire ; CAR tel eft nôtre plaifir. Donné à Paris, le dix-huitiéme jour du mois de Decembre, l'An de Grace mil fept cens vingt-un, & de nôtre regne le Septiéme.

Par le Roy en fon Confeil.

CARPOT.

*Regiftré fur le Regiftre V. de la Communauté des Libraires & Imprimeurs de Paris, page 36. No. 36. conformement aux Reglemens & notamment à l'Arrêt du Confeil du 13. Août 1703. A Paris le 24. Decembre 1721.

DELAULNE, Syndic.

DISSERTATION.

 Omme les prin-
cipes de la nature
ont un° enchaîne-
ment nécessaire,
je crois qu'avant que d'en-
tamer les queftions qui regardent le Mouvement, il
eft à propos que nous exa-
minions ce que c'eft que
la matiere, & quelle eft fon
effence. Les premiers principes font toûjours les plus

feconds, & ceux qu'il im-
porte le plus d'éclaircir. On
refufe quelquefois de s'y
arrêter ; c'eft un effet de
l'impatience naturelle de
l'efprit humain. Quelque-
fois auffi affecte-t-on de les
negliger, parce qu'ils font
difficiles à faifir ; c'eft un
détour de l'amour propre.
Pour nous, prenons la voïe
la plus fûre, & conduifons
ici nos refléxions avec ordre.

On convient déja de ces
deux principes ; l'un, que
tout ce qui eft, eft ou fub-
ftance ou mode ; l'autre,
que comme une fubftance
eft, ainfi que le mot le porte,

ce qui subsiste par soi-même, on peut toûjours la
concevoir seule, & comme
isolée ; au lieu qu'une modalité n'étant qu'une ma-
niere d'être d'une substance, l'idée qui la represente
renferme nécessairement
celle de la substance dont
elle est la modalité. Or voilà
tout ce qui nous faut pour
découvrir quelle est l'essence des corps ; car comme
il n'y a point de matiere qui
ne soit étenduë, il faut nécessairement que l'étenduë
soit un mode des corps, ou
qu'elle en soit elle - même
la substance ; mais il est certain d'un autre côté que

l'étenduë peut être aperçûe seule, qu'on peut penser à des espaces, qu'on peut se les représenter, sans que l'idée qu'on s'en forme tienne par elle-même à aucune autre idée : l'étenduë ne doit donc point être mise au rang des simples modalités ; c'est donc une substance ; c'est donc la substance même des corps.

Mais si les corps ne sont que de l'étenduë, il faut que toutes leurs propriétés se reduisent à des figures, & à des changemens de rapports de distance ; car l'idée de l'étenduë ne nous offre rien de plus.   Ainsi nous

nous trompons, quand nous
croyons que la lumiere, les
couleurs, les fons, les odeurs
appartiennent en propre à
la matiere : ce ne font que
les impreffions fenfibles,
que les objets exterieurs
font fur nous, & que nous
leur raportons par un jugement naturel. Je dis la même chofe de la pefanteur,
de la force, & des tendances ; ce ne font que les fen-
timens penibles qui nous
font occafionés par les
corps que nous voulons
faire changer de fituation,
ou qui nous en font chan-
ger nous-mêmes : fenti-
mens que nôtre imagina-

tion transforme en qualités
sensibles ; aussi éprouvons-
nous que ces sortes de qualités se fortifient ou s'af-
foiblissent selon que les parties organiques de nôtre
corps ont plus ou moins de
solidité, selon que les es-
prits qui les animent y cou-
lent ou plus ou moins abon-
damment.

Mais une erreur encore
plus grossiere, c'est celle
où nous tombons, quand
de nos sentimens ainsi trans-
formés, nous en faisons un
principe actif dans la matiere. Cette erreur toute
grossiere qu'elle est, ne lais-
se pourtant pas d'être difficile

cile à éviter : c'eſt que nous apercevons le mouvement ſans que ſon principe ſe manifeſte : Or nous voulons tout ſçavoir & tout entendre ; ainſi quand la cauſe d'un effet qui nous frape ne ſe preſente point à nous, nous aimons mieux riſquer de la metre où elle n'eſt pas, que de nous reſoudre à l'ignorer.

Tâchons donc de ne nous point méprendre ici par un jugement précipité : conſultons avec atention l'idée de la matiere, nous nous apercevrons bien-tôt qu'elle ne nous offre rien que de paſſif, & que nous n'avons droit d'attribuer aux corps qui s'arrangent entre eux dans un ordre déterminé, que la même vertu que nous atribuérions à leurs images aperçûes dans un miroir où nous leur verrions prendre les mêmes arrangemens ; ne nous trompons point, la loi sur laquelle ces arrangemens seroient reglés, est tout ce qu'on peut raisonnablement apeller force ou vertu dans les corps : c'est que, comme je l'ai déja dit, nous ne pouvons trouver dans la matiere que des figures & de simples changemens de raport de distance : c'est

là à quoi se reduisent toutes
les qualités que nous sçavons sûrement lui appartenir ; mais supposé qu'il fut
possible que quelque chose
de plus lui appartînt à nôtre insçû, du moins serions
nous sûrs que ce ne seroit
rien de semblable à ce que
nos sens & nôtre imagination y mettent ; car prenons
y garde, il n'est nullement
nécessaire de connoître toutes les qualités qu'une chose
peut avoir, pour être fondé
à donner l'exclusion à celle
que sa nature lui refuse.
Supposons, par exemple,
qu'on ne connût pas toutes
les proprietés du Cercle,

cela empêcheroit-il qu’on
ne pût s’assurer que la pensée n’est pas du nombre de
celles qui lui conviennent?
nullement; pourquoi cela?
c’est que toutes les pro-
prietés qu’une chose peut
avoir, étant son essence
même considerée sous dif-
ferens regards, il faut de
necessité qu’elles soient toutes du même genre: Or il
est évident que la pensée est
d’un genre tout different de
ce que nous voyons couler
de l’essence du Cercle. Je
raisonne de même sur ce
qui regarde la matiere; je
dis que, puisque la force &
les efforts n’ont rien de

commun avec les qualités
que nous lui connoiſſons,
nous ne devons leur donner
aucun rang parmi elles ; &
ce que je dis, je l'étend à
toutes les qualités fenfibles,
qu'on fçait n'avoir aucun
raport ni avec des figures,
ni avec des mouvemens :
feules proprietés que nous
offre l'idée de l'étenduë.

Voilà donc la matiere en-
tierement dépoüillée de tout
ce qui en diſtingue, ou en
caracterife les differentes
parties ; mais dans cet état
que devient-elle ? ne fei-
gnons point de le dire, elle
devient précifément ce que
le commun des Philofo-

phes deſigne par le mot de *vuide* : car le vuide, de la maniere même dont ils le conçoivent, eſt réellement un eſpace qui a des parties de differentes figures & de differentes grandeurs ; des parties réellement diſtinguées les unes des autres, & qui ſubſiſtent par elles-mêmes, ce qui reſſemble déja fort à la matiere. Ajoutons à cela que ces parties n'ayant entr'elles aucun arrangement qu'on puiſſe ſuppoſer néceſſaire, rien n'empêche que l'Auteur de la nature ne les dérange, quand bon lui ſemble ; ainſi le mouvement convient en-

core aux espaces qu'on
prend pour le vuide. Que
manque-t-il donc à ces espaces pour nous paroître
des corps ? il leur manque
de se presenter à nous re-
vêtus de qualités sensi-
bles ; mais c'est à nos sens
& à nôtre imagination à les
en revêtir.

Tout est masqué pour
nous dans la nature : l'Univers est un spectacle où tout
nous fait illusion ; & ce qu'il
y a de fâcheux, c'est que la
premiere forme sous laquelle nous le voyons, fait en
quelque maniere l'unique
regle de nos jugemens. Dans
l'enfance, il nous semble

que l'espace qui nous separe
des corps celestes, est un
grand vuide, qui peut se
mesurer, & qui a des par-
ties; mais nous ne prenons
point cela pour de la ma-
tiere. Il est vrai que l'experience nous oblige ensuite
à revenir un peu de ce prejugé: Nous voyons que l'air
qui nous environne, agite
souvent les corps sensibles;
& puis il nous paroît qu'il a
du ressort. Nous voyons
outre cela que les rayons
de la lumiere s'étendent
sans interruption depuis les
corps qui les poussent jus-
qu'à nous, qu'ils se reflé-
chissent sur ceux qui s'op-
posent

poſent à leur paſſage, &
qu'ils ſe rompent dans les
differens milieux par où ils
paſſent. Nous voyons auſſi
que, lorſque nous les raſ-
ſemblons, ils ébranlent, ils
agîtent même violemment
les parties des corps qui ſe
trouvent au point de leur
réunion. Ainſi il nous a fallu
admetre de la matiere où
nous n'en ſoubçonnions
pas ; mais ç'a été comme
malgré nous ; & même à
preſent nous ne l'admetons
que le moins qu'il nous eſt
poſſible. Nous ne ſçaurions
nier que les corps ſur leſ-
quels nos ſens n'ont point
de priſe, ne nous paroiſſent

C

toûjours un peu moins
corps que les autres : Il semble que nous ne leur acor-
dions qu'une demi réalité.
Il n'y a guéres que ce qui
nous frape que nous regar-
dions volontiers comme
subſtance. Quelque déſa-
buſez que nous penſions
être, il eſt certain qu'un
bloc de marbre nous paroîtra toûjours quelque choſe
de plus qu'un pareil volume
de matiere étherée. J'avoüe
que cet erreur n'eſt que
dans nôtre imagination; nôtre eſprit la rejette ; mais de
quelle maniere? c'eſt en nous
fourniſſant d'autres fauſſes
idées, qui, à la honte de la

Philosophie, ont trouvé grace dans l'école. On admet le vuide comme possible, ou bien même on le suppose existant, & l'on en fait le lieu des corps, comme si deux étenduës pouvoient se penetrer, & être reduites à n'en faire plus qu'une.

Ces deux erreurs étoient pourtant generalement répanduës, quand M. Descartes parut. Ce grand homme entreprit de nous dévoiler la nature ; ce ne fut pas une petite entreprise. Il falloit convaincre le genre humain d'ignorance : Aussi quelle contradiction n'eut-il pas à essuyer ?

Ce ne fut pas simplement parmi le peuple qu'il trouva des obstacles à l'établissement de la verité, ce fut principalement parmi les sçavans, parmi ceux qui se trouvoient en possession d'instruire les autres, & qui avoient reduit en Dogmes les prejugez vulgaires. Ce sont presque toûjours les sçavans, ceux qui le font de profession, qui retardent le plus le progrès des Sciences : Ils ne veulent rien apprendre de leurs Contemporains ; il en coûteroit à leur vanité ; ceux dont ils sont trop proches, leur font ombrage ; & puis le moyen de recommencer à penſer ſur nouveaux frais ? On veut joüir de ce qu'on a aquis, & quand une fois on a ſa proviſion d'idées, on cherche à ſe repoſer; on a trop de peine à déſapren-dre ; ceux qui ne ſçavent encore rien, en ont moins à s'inſtruire : Auſſi la Philoſophie de M. Deſcartes ne commença - t - elle à s'a-crediter que quand les Sçavans déja formés, com-mencerent à faire place à ceux qui ſe formoient. Il ne joüit point du fruit de ſon travail ; la verité ne triompha que par le zele de ceux qui le ſuivirent ; il ne

fut pas témoin du deshon-
neur de ceux qui l'avoient
combatuë : car les faux sçavans furent degradés : quel
nom en effet leur reste-t-il
parmi nous ? Si M. Des-
cartes eût prévû cela, je
suis sûr qu'il n'eût fait
grace à aucune erreur phi-
losophique ; mais ceux à
qui il avoit affaire, l'intimi-
doient; il craignoit leurs préventions, & peut-être leur
manque d'intelligence ; il
en convient lui-même dans
une de ses Lettres: il lui pa-
roissoit qu'il n'avoit déja
que trop choqué les préjugez ; selon lui il n'étoit pas
à propos de tout dire, il fal-

loit ufer de menagemens ;
il en ufa donc , & ce fut
principalement fur ce qui
regarde le mouvement qu'il
fçavoit être purement relatif, & ne pouvoir rien renfermer d'abfolu ; mais qu'-
arriva-t-il ? C'eft qu'en dé-
guifant aux autres la verité, il fe la déguifa infenfi-
blement à lui-même , & il
en fut puni : car dès l'entrée
de fa Phifique , il tomba
dans des erreurs marquées
fur les Loix des communi-
cations des mouvemens :
erreurs qu'il eût évitées fans
peine , s'il eût rapellé fes
propres principes , & qu'il
eût ofé les fuivre.

C iiij

Ce qui m'étonne, c'est qu'entre ceux qui se déclarent ses Partisans, à peine en trouve-t-on qui ayent voulu lui tenir compte des ouvertures qu'il nous donne sur la nature du mouvement. Cependant les déguisemens ne sont plus nécessaires, la raison joüit presentement de tous ses droits; on n'est plus scandalisé de voir les Philosophes faire tête aux erreurs populaires. D'où peut donc venir l'infortune du mouvement relatif? pour quoi n'est-il pas encore en honneur dans la Philosophie Cartesienne? Je n'en sçais rien; tout ce

que je sçais , c'est qu'avec
un peu de justesse d'esprit
on s'aperçoit aisément que
les principes qui servent de
fondement à cette Philosophie , sont directement contraires à l'opinion du mouvement absolu.

En effet afin qu'un corps
pût être absolument en
mouvement , il faudroit
qu'il eût quelque *qualité
intime* , ou du moins quelque *relation externé* , qui le
distinguât de ceux qu'on
regarde comme en repos ;
mais c'est ce qu'on ne peut
suposer dans le Sistême établi par M. Descartes ; car
premierement s'il n'y a dans

la matiere nulle force , nul
effort , nulle tendence , en
un mot nul principe actif ,
quelle espece de qualité
pouroit-on metre dans les
corps qu'on dit se mouvoir
d'un mouvement absolu ?
quelle vertu, quelle entité
recevroient-ils à l'exclusion
des autres ? On dit qu'ils
reçoivent l'action de Dieu ;
car presentement on con-
vient assez volontiers que
Dieu seul peut mouvoir les
corps , & ce n'est pas peu
qu'on veüille bien se resoudre à proscrire les causes secondes ; mais je demande :
qu'entend-t-on par l'ac-
tion de Dieu reçuë dans les

corps? cela ne se dit pas de
sa volonté par laquelle seule il agit ; cela ne se peut
dire que de l'effet que produit sa volonté : Or cet effet, les Cartesiens en conviennent , ne peut être ni
une *qualité intime*, ni une
nouvelle entité ajoûtée à la
substance des corps mûs ; ce
n'est donc qu'un simple
changement de raport de
distance ; changement ne-
cessairement reciproque.
Mais on insiste, & l'on dit
que quand ces sortes de
changemens s'operent, la
volonté de Dieu s'applique
directement à de certains
corps, pendant qu'elle n'est

apliquée qu'indirectement
aux autres. Si je détaille
ici une pareille objection,
on me le doit pardonner ;
il faut bien donner quel-
que chofe à la reputation
de ceux qui la font ; je dois
les fervir à leur mode, & fi
je ne le faifois pas, peut-
être s'en feroient-ils un titre pour autorifer leurs préventions. Je repond donc
que ce que difent ceux qui
philofophent ainfi, ne peut
au plus être regardé que
comme une fimple hypotê-
fe, dont ils n'ont nul droit
de fe prévaloir; ils devinent;
à moins qu'ils n'ayent fur
ce point quelque revelation

qui nous manque. Je dis de plus que ce qu'ils veulent que nous croyons sur leur parole, ou sur la foy de leurs préjugez, est injurieux à la divinité. Ils humanisent Dieu dans ses operations. Nous, parce que nous sommes bornés, & que nous n'operons rien, comme causes veritables, nous pouvons vouloir qu'un corps change de raport de distance avec un autre sans apliquer nôtre volonté, sans même fixer nôtre esprit à tous les differens raports qui naissent du changement que nous voulons operer. Mais il n'en est pas ainsi de Dieu;

nous devons croire qu'il
aperçoit d'une simple vûë
tout ce qu'il fait, & que sa
volonté s'aplique directement à tout ce qu'elle opere:
& puis ce n'est point du tout
là dequoi il est question présentement. Il ne s'agit point
ici de la cause du mouve-
ment, il s'agit de sa nature,
il s'agit de sçavoir si le mouvement consideré en lui-
même supose quelque *qualité intime* dans les corps qui
sont censés se mouvoir: mais
on void bien que c'est ce
que les Philosophes moder-
nes n'auroient garde d'admetre; ils démentiroient l'i-
dée qu'ils nous donnent

eux-mêmes de la matiere. Il ne faut ni vouloir se tromper de gayeté de cœur, ni prétendre nous donner le change. Il est manifeste que chercher ce que c'est que le mouvement, c'est chercher ce qu'il est dans les corps mêmes, c'est chercher quel est l'effet que produit la cause motrice quelle qu'elle puisse être, & de quelque maniere qu'on la supose determinée : or dès qu'on reconnoît que cet effet n'est dans la matiere qu'un simple changement de raport de distance, on est obligé de convenir qu'il n'y a rien que de relatif & de réciproque

dans ce qui conſtitue la nature du mouvement. Tout
faux - fuyant ſeroit inutile
ici, & même il ſieroit mal
à des Philoſophes de bon-
ne foi de vouloir ſauver une
mepriſe aux dépens de ce
qu'ils doivent à l'évidence.

Mais il me reſte à faire
voir qu'on ne peut pas non
plus déterminer l'état des
corps par aucune *relation
externe*, quand une fois on
ſupoſe qu'il n'y a point
d'autre etendue que celle
de la matiere ; ainſi c'eſt encore aux Carteſiens, *que je

* Ceux que j'apelle Carteſiens, ce ne
ſont pas les gens ſervilement attachés
à tous les ſentimens de M. Deſcartes ;

parle:

parle : car pour les autres
Philosophes, qui se figu-
rent que la matiere est renfermée dans des espaces immobiles, ils se réprefentent
les corps qu'ils disent se
mouvoir, comme repondant
succeffivement à differentes
parties de ces espaces, &
ceux qu'ils supofent en repos comme repondant toû-
jours aux mêmes. Ainfi voilà, selon leur maniere de
penfer, des relations exter-
nes, propres à déterminer
l'état de chaque corps en
particulier : il n'est donc

ce sont les Philosophes qui reconno is-
sent que la matiere n'est capaple que de
figures, & de changemens de raports
de distance.

D

pas étonnant que ces gens
là admetent le mouvement
abfolu; ils ont dequoi le
défigner: fi leurs idées font
fauffes, du moins font-elles
afforties; mais ceux qui fçavent que le lieu des corps
font les corps mêmes, de
quelles relations, de quels
raports fe ferviront-ils pour
nous faire trouver quel-
que chofe d'abfolu dans le
mouvement? car enfin on
ne fçauroit difconvenir que
l'idée du mouvement ab-
folu ne renferme celle
d'un lieu fixe & immobile,
aux differentes parties duquel les corps mûs font
fucceffivement appliqués;

mais ce lieu immobile, ce
lieu fixe, où le trouver dans
la nature, s'il n'y a point
d'autre étenduë que celle
de la matiere ? Les Cartesiens n'ont apparemment
pas fait attention à cela ;
mais ceux qui y ont pensé,
& qui l'ont fait sans aban-
donner l'opinion commune
sur la nature du mouve-
ment ; je le dis, ces gens-là
n'ont en verité aucun repro-
che à faire aux Partisans de
l'ancienne Philosophie. Il
est moins honteux d'avoir
de faux principes, quand
on peut les suivre, que d'en
avoir de bons, & de n'en
sçavoir pas faire usage : sou-

D ij

pas étonnant que ces gens
là admetent le mouvement
abſolu ; ils ont dequoi le
déſigner : ſi leurs idées ſont
fauſſes, du moins ſont-elles
aſſorties ; mais çeux qui ſçavent que le lieu des corps
ſont les corps mêmes, de
quelles relations, de quels
raports ſe ſerviront-ils pour
nous faire trouver quel-
que choſe d'abſolu dans le
mouvement ? car enfin on
ne ſçauroit diſconvenir que
l'idée du mouvement ab-
ſolu ne renferme celle
d'un lieu fixe & immobile,
aux differentes parties duquel les corps mûs ſont
ſucceſſivement appliqués ;

mais ce lieu immobile, ce
lieu fixe, où le trouver dans
la nature, s'il n'y a point
d'autre étenduë que celle
de la matiere ? Les Cartesiens n'ont apparemment
pas fait attention à cela ;
mais ceux qui y ont pensé,
& qui l'ont fait sans aban-
donner l'opinion commune
sur la nature du mouve-
ment ; je le dis, ces gens-là
n'ont en verité aucun repro-
che à faire aux Partisans de
l'ancienne Philosophie. Il
est moins honteux d'avoir
de faux principes, quand
on peut les suivre, que d'en
avoir de bons, & de n'en
sçavoir pas faire usage : sou-

D ij

vent on penſe bien par hazard ; mais il faut avoir l'eſprit juſte pour raiſonner
conſequemment. Nous au-
rions cependant tort de nous
décourager : les mêmes idées
ne prennent pas toûjours
avec la même facilité dans
tous les eſprits ; mais le tems
amene tout , & tôt ou tard
la verité diſſipe les préjugez
qu'on lui oppoſe. Conti-
nuons donc à éclaircir les
raiſons qui juſtifient le mouvement réciproque & rela-
tif.

Les corps qu'on dit en
mouvement, & ceux qu'on
dit en repos, ont toûjours
la même relation au *lieu in-*

terieur qu'ils ocupent; car ce lieu, c'eft leur propre fub-ftance, c'eft l'étenduë mê-me qui conftitue leur natu-re. Un corps ne peut donc avoir d'état déterminé que relativement aux autres corps qui l'environnent, & qui lui fervent de *lieu exte-rieur*, ou fi l'on veut de lieu Phifique. Cela eft clair pour les Philofophes à qui je par-le; c'eft leur principe même que j'expofe; ils ne peuvent pas le méconnoître : je n'ai donc plus qu'à montrer que de là fe tire néceffairement le mouvement relatif & ré-ciproque : Mais rien n'eft plus facile. On void d'abord

que la maſſe totale de la
matiere ne peut être ni en
mouvement, ni en repos;
car qui dit repos ou mou-
vement, dit comme on en
convient, relation à quelque choſe d'exterieur : Or
que pourroit-on ſupoſer
au de-là de l'étenduë? mais
ſi l'état de la maſſe de la matiere n'eſt point déterminé,
celui de ſes parties ne peut
l'être non plus; l'un eſt une
ſuite néceſſaire de l'autre.
Il eſt vrai que chaque corps
particulier comparé à chacun de ceux qui l'environnent, & qui lui ſervent de
lieu Phiſique a neceſſaire-
ment differens états relatifs,

& cela tout à la fois; il n'y en
a point qu'on ne puisse dire
être en même tems, & en repos & en mouvement , &
avoir toutes les directions &
tous les differens degrez de
vitesse determinez dans l'ordre de la nature. Ce n'est pas
tout, car les corps se servant
mutuellement de lieu exterieur la détermination de leur
état doit aussi être mutuelle :
Ainsi quand ils changent entr'eux de raports de distance, le mouvement est nécessairement reciproque, & ne
peut être attribué aux uns
plûtôt qu'aux autres que par
suposition. Tout cela suit
nécessairement des principes

que j'ai d'abord établis, &
qu'on fçait être le fondement de la nouvelle Philofophie.

Je reviens donc à ma pro-
pofition generale, & je dis
qu'avec un peu de juftefle
d'efprit on s'aperçoit aifément que les principes de
cette Philofophie une fois
reçûs, il n'eft plus permis
d'admetre le mouvement
abfolu : pourquoi les Philofophes de l'ancienne école
l'admetent-ils ? c'eft qu'ils
croyent que les corps qu'ils
fupofent fe mouvoir, ont
en eux une force que n'ont
pas les autres, ou bien ils
fe figurent que ces corps
font

font fucceffivement appli-
quez à differentes parties
d'un efpace fixe & diftin-
gué de la matiere ; mais fup-
pofons que fans changer de
principes, ils allaffent s'avi-
fer de conclure que tout
mouvement eft relatif & réciproque ; je fuis fûr que
nous ne trouverions pas
que cela dût faire honneur
à leur jugement : Or met-
tons-nous préfentement à
leur place, & voyons ce
qu'eux-mêmes peuvent
penfer, quand ils voyent
un Cartefien priver les
corps de toute vertu, de toute force, & puis ne vou-
loir aucune étenduë diftin-

guée de la matiere , & par
conſequent ne reconnoître
aucun lieu fixe dans la nature, & malgré cela admettre le mouvement abſolu ,
& prononcer en ſa faveur :
on voit bien qu'il n'eſt pas
poſſible que les Partiſans de
l'ancienne Philoſophie ne
ſoient alors ſurpris de cette
nouvelle maniere de philoſopher ; car c'eſt penſer le
pour & le contre tout à la
fois ; c'eſt vouloir qu'il n'y
ait rien ni *dans les corps ni
hors des corps* qui détermi-
ne leur état, & décider en
même tems que leur état eſt
determiné.

Les Carteſiens qui s'ac-

commodent d'une pareille
disparate, ne contribueront
certainement pas à relever
le merite de la Philosophie
de M. Descartes: Nous nous
passerions volontiers d'avoir
de tels ajoints : par eux les
sectateurs d'Aristote & d'E-
picure ont présentement
de l'avantage sur nous; nous
leur reprochons des préjugez, mais ils peuvent nous
reprocher des contradic-
tions ; & le malheur, c'est
que quand un Philosophe
a de fausses idées, on ne
peut pas le convaincre absolument qu'il pense mal, au
lieu que quand il tire des
consequences contraires à

E ij

ſes principes, dès lors il eſt convaincu de ne ſçavoir pas philoſopher.

Deſavouons donc pour nôtre honneur ceux qui ſe mettent au rang des nouveaux Philoſophes, ſans rejetter le mouvement abſolu; renvoyons-les à l'ancienne philoſophie de l'école; il eſt même de leur interêt d'en adopter les principes; ils ne peuvent ſe juſtifier que par là. Il eſt vrai que d'illuſtres défenſeurs du Carteſianiſme ſe ſont quelquefois prêtés aux idées communes en parlant du mouvement, & je n'en ſuis point ſurpris : il ſe peut fort bien

faire que des personnes
d'esprit, que de grands
hommes même, ne tirent
pas toûjours de leurs principes tout ce qu'il est possible d'en tirer. On ne peut
éclaircir que ce qu'on exa-
mine, & il y a souvent des
choses qu'on ne s'avise pas
d'examiner. Mais ce qui
doit nous surprendre, c'est
que des Philosophes, aprés
s'être suffisament instruits
des deux opinions qui nous
partagent sur la nature du
mouvement, se soient eux-
mêmes trahis en pronon-
çant en faveur de celle
qui renverse manifestement
leur sistême : quel besoin

E iij

avoient-ils de se commetre en risquant leur jugement? personne n'exigeoit d'eux cet essai d'insuffisance. Je conviens qu'on a de la peine à se réprésenter les corps dans un état indéterminé : cela étonne l'imagination , cela la blesse même; mais l'idée , dont celle-ci est une dépendance nécessaire , est-elle moins difficile à saisir? en coûte-t-il moins pour gagner sur soi , de ne mettre aucune différence entre l'espace & la matiere? Cependant ceux de qui nous parlons se sont rendus sur ce point : on ne doit pas à la verité leur en faire un

merite ; ils ont trouvé la
Philosophie de M. Des-
cartes en credit, & ils ont
fçû en apprendre les principes. Quand ces gens-là se
déterminent à croire, c'est
toûjours sur la foi du grand
nombre, encore leur faut-
il des garants accredités :
toute nouvelle induction
de la doctrine même qu'ils
professent, leur paroîtra
toûjours suspecte : c'est
qu'ils n'ont que des idées
empruntées, dont ils ne
sçavent pas se rendre maîtres. Mais tous les Cartesiens ne leur ressemblent
pas : il s'en trouve à qui il
est donné de pouvoir pen-

ler par eux-mêmes , & il
n'est pas possible qu'auprés
de ceux-ci le mouvement
relatif ne soit pleinement
justifié. Ne laissons pourtant pas de l'éclaircir encore , & d'en développer la nature.

Tout bon Philosophe con-
vient presentement avec les
Theologiens, que la conser-
vation des Estres créés , est
une émanation de la toute
puissance de Dieu , que c'est
une suite non-interrompuë
de réproductions , une création continuellement réite-
rée : Or ce principe posé ,
répresentons-nous la matiere dans le premier instant ,

où il plaît à Dieu qu'elle
exiſte ; tout ce que nous
voyons alors, c'eſt que les
parties qu'elle renferme ſe
trouvent rangées dans un
ordre purement arbitraire.
Auſſi à cet ordre en voyons-
nous bien-tôt ſucceder un
autre, & puis un autre encore, & ainſi de ſuite : c'eſt-
à-dire qu'il nous paroît que
chaque nouvelle création
nous donne un nouvel ar-
rangement, & qu'il n'y a
point d'inſtant où l'action
de Dieu ne tombe ſur tou-
tes les parties de la matiere
à la fois. Mais que nous fau-
droit-il de plus pour fixer
nos idées ? il me ſemble que

nous voilà présentement en
état de sentir que les corps
qu'on dit en mouvement,
n'ont rien qui les distingue
de ceux qu'on regarde comme en repos, ou bien il faudroit que nous nous figu-
rassions que pendant que
les uns seroient successive-
ment créés dans differens
endroits d'un espace fixe &
immobile, & par conse-
quent distingué de la ma-
tiere, les autres se trouve-
roient continuellement re-
créés dans les mêmes en-
droits de ces espaces; ce qui
ne cadreroit plus avec les
saines idées de la nouvelle
Philosophie : car selon nous

la matiere confiderée dans
fa totalité, n'eſt placée nulle
part ; elle n'eſt renfermée
qu'en elle-même. Tout nous
oblige donc de reconnoitre
que les corps ne peuvent
avoir d'état déterminé que
relativement les uns aux autres, & qu'ainſi tout mouvement eſt par lui-même
reſpectif & réciproque.

En effet il eſt évident que
dès que Dieu reproduit un
corps en le mettant dans
une nouvelle ſituation à l'é-
gard du reſte de la matiere,
il faut, ſelon le principe re-
çû, qu'il reproduiſe auſſi
le reſte de la matiere, en
lui faiſant changer de ſitua-

tion à l'égard de ce corps.
En forte que tout ce qu'on
peut alors fupofer d'un côté,
on peut également le fupofer de l'autre

Mais je ne dois pas diffi-
muler deux difficultés inge-
nieufes, dont on demande
la folution, pour éclaircir davantage la nature du mou-
vement ; voici la premiere :
elle eft un peu métaphifi-
que. On dit, tout change-
ment de raport femble fu-
pofer un changement abfo-
lu. Il eft fûr, par exemple,
qu'aucun raport de gran-
deur ne peut changer qu'il
n'y ait ou une augmenta-
tion réelle, ou une diminu-

tion effective du côté des quantités comparées ; il semble donc aussi que quand les corps changent entr'eux de raports de distance, il doive arriver quelque changement absolu dans leur état. On ne peut pas nier que ce raisonnement n'ait quelque chose de spécieux. Cependant en y regardant de près on s'aperçoit aisément que la parité qu'il renferme n'est point exacte, & qu'elle impose. En effet dans un changement de raport de grandeur, on n'a que les quantités comparées, sur quoi puisse tomber le changement absolu qui sert de fondement

à la nouvelle rélation; mais
dans un changement de ra-
port de diſtance, ſi l'on a
deux corps qui s'aprochent
ou qui s'éloignent l'un de
l'autre, on a auſſi l'eſpace
qui les ſepare, & qui par
ſes extentions & par ſes ré-
treciſſemensdétermine leurs
differens états relatifs. Ainſi
ce n'eſt point du côté des
corps, c'eſt du côté de cet
eſpace qu'il faut chercher le
changement abſolu qu'on
veut trouver dans le mouvement. Repreſentons-nous
deux corps éloignés l'un de
l'autre ; & puis ſupoſons
que l'eſpace par lequel ils
ſeroient ſeparés fût tout

d'un coup anéanti : on
voit bien qu'alors les deux
corps venant à fe tou-
cher, changeroient d'etat
relatif fans que leur nouvelle relation fupofât de
leur côté aucun change-
ment abfolu. On voit auffi
qu'il en feroit de même, fi
après leur union un nouvel
efpace créé venoit tout-à
coup à les féparer. Or je
dis que cela répréfenteroit
parfaitement l'état où font
les chofes ; car la matiere eft
anéantie pour tout lieu où
elle ceffe d'être, & elle eft
créée pour chaque lieu qu'-
elle vient ocuper ; mais
qu'on voulût avoir la caufe

des differentes relations suc-
cessives que les corps ont
entr'eux , je dis qu'il faudroit la chercher dans l'action de Dieu, qui, selon nos
principes , tombe à chaque
instant sur toutes les parties
de la matiere à la fois , & les
assujetit à une suite d'arrangemens variés , d'où naiss-
sent leurs differens états relatifs.

Venons presentement à la
seconde difficulté : Elle tombe sur le mouvement consideré comme réciproque ; la
voici telle qu'on la propo-
se : que nous nous determi-
nions à changer de situa-
tion par raport à nôtre lieu
phisique

phifique, auſſi-tôt nous en
changeons; mais que ce ſoit
nôtre lieu phiſique que nous
voulions faire changer de
ſituation par raport à nous ,
l'acte de nôtre volonté n'eſt
alors ſuivi d'aucun effet :
pourquoi donc cette diffe-
rence ? d'où peut elle venir?
car enfin ſi le mouvement
eſt réciproque , tout doit
l'être du côté de ſa cauſe.
De pareilles difficultés me-
ritent d'être propoſées; auſſi
meritent-elles d'être éclair-
cies. Je reponds donc qu'à
la verité tout doit être réciproque dans la cauſe qui
produit le mouvement ;
mais nôtre volonté ne le

F

produit pas; elle ne peut que
l'occasionner : or toute cause occasionnelle est d'une
institution purement arbitraire ; & il est établi qu'afin
que nous puissions figurer
à nôtre gré avec les parties
de nôtre lieu phisique , il
faut que nôtre volonté s'a-
plique directement à nous.

Au reste quand des corps
changent entr'eux de relation , il ne faut pas croire
que ceux du côté desquels
est la cause du changement,
soient les seuls qui puissent
être censés se mouvoir : cela seroit bon , si les causes
secondes étoient efficaces
par elles-mêmes ; car il pa-

roît que ce qui agit par sa propre vertu, ne peut jamais agir en distance ; mais pour nous nous ne connoissons dans la nature que de simples causes occasionnelles, & nous sçavons qu'il n'est nullement necessaire que ce qui occasionne la détermination d'une cause réelle, se trouve du côté de chacun des sujets sur lesquels tombe l'effet que produit cette cause. Ajoutons à cela que rien ne peut agir sur la matiere, sans la faire passer dans differens états à la fois. Imaginonsnous, par exemple, que je me trouvasse dans un Ba-

teau, & que pendant que
j'avancerois en suivant l'im-
preſſion que je ſupoſe qu'il
me donneroit, je me déter-
minaſſe à aller de la Proüe
à la Poupe avec une vîteſſe
égale à celle que j'aurois en
ſens contraire : Il eſt évident qu'en même tems que
je changerois de place par
raport à mon lieu Phiſique,
je me metrois en repos par
raport à ceux qui pouroient
me voir du rivage : c'eſt qu'à
leur égard ce ſeroit le Ba-
teau qui fuyeroit ſous mes
pas. Il arriveroit donc alors
que par le même acte de ma
volonté, je paſſerois dans
deux états non ſeulemens

differens, mais qui paroî-
troient même incompati-
bles, s'ils n'étoient purement
relatifs.

Les doutes que nous pou-
vons avoir sur le mouve-
ment relatif, ne doivent
point nous embarasser ; il
nous sera toûjours facile de
les éclaircir : mais ce qui
peut nous faire de la peine,
ce sont nos préjugés. Ce que
nous avons une fois crû, nous
cessons difficilement de le
croire. Ainsi jugeons-nous
qu'il y a dans les corps qui
sont censés se mouvoir quelque chose de plus que dans
ceux qu'on supose en repos ;
nous nous persuadons qu'il y

a en eux une force qui ref-
femble à l'impreffion fen-
fible que font fur nous les
corps étrangers qui rencontrent le nôtre ; c'eft-à-dire
qu'il en eft à peu près de cette force comme de la pefanteur que nous nous figurons
être de même nature que
l'effort qu'il nous en coûte
pour nous mettre en équi-
libre avec les corps que nous
voulons fufpendre : effort,
qui cependant ne peut apar-
tenir qu'à nôtre ame ; mais
nous fommes accoûtumez
à donner à tous les objets
qui nous environnent des
qualités femblables aux fen-
timens dont nous fommes

affectés à leur occasion ; &
ce qu'il y a de fâcheux, c'est
que les erreurs des sens sont
toûjours celles dont il est
le plus difficile de revenir.
Qui ne consulteroit que la
raison, n'auroit nulle peine
à se persuader qu'il n'y a
point d'autre force dans la
matiere que la loi selon laquelle ses differentes parties
doivent changer entr'elles
de raport de distance : c'est
ce que peut rendre sensible
une comparaison dont j'ai
déja fait naître l'idée : imaginons-nous deux corps ré-
presentés dans un miroir,
où leurs images après s'ê-
tre rencontrées, se sepa-

reroient, ou bien iroient
de compagnie, conforme-
ment aux loix des commu-
nications des mouvemens;
il est clair qu'il n'y auroit
ni force ni effort dans tout
cela; mais je dis qu'il n'y
en auroit pas davantage du
côté des deux corps répré-
sentés, ausquels je supose
qu'arriveroit ce que nous
feroient voir leurs apparen-
ces.

Une autre source d'er-
reur, c'est que d'ordinaire
nous jugeons de l'état des
corps par raport à la terre
qui nous sert de lieu phisique; & en cela nous avons
tort : car suposons qu'il y
eût

eût des Spectateurs dans quelqu'une des Planettes, & que de l'endroit où ils seroient, ils pussent apercevoir les mêmes objets que nous: il est aisé de comprendre que souvent ils verroient en repos ce que nous jugerions en mouvement, & qu'ils jugeroient en mouvement ce qui nous paroîtroit en repos.

On ne peut donc, sans se tromper, juger de l'état des corps par raport à quelque lieu phisique que ce soit. En effet qu'un boulet de canon en obéissant à l'impression de la poudre, cessât de suivre celle du

tourbillon de la terre; il eſt
certain que le boulet dans
cet état nous paroîtroit ſe
mouvoir; & cela, parce que
nous le verrions répondre
ſucceſſivement à differentes
parties d'un eſpace que nous
jugerions ne point changer
de place; mais un Aſtrono-
me penſeroit autrement que
nous; accoûtumé à former
ſon lieu phiſique de l'aſſem-
blage des étoiles fixes, il
jugeroit ſe boulet arrêté,
& ſupoſeroit qu'au deſſous
ſe déroberoit la ſurface de
la terre. Or je dis que ſa
mépriſe ſeroit égale à la
nôtre; car ce qu'il regarde-
roit comme fixe, n'a nul

caractere de stabilité qui le
distingue du lieu que nous
ocupons. Nous ne sommes
pas sûrs que toutes les étoiles soient toûjours dans la
même situation les unes à
l'égard des autres ; nous
pouvons même présumer le
contraire; nous sçavons que
nôtre Soleil change sensi-
blement de place dans son
tourbillon, & ce n'est, selon toutes les aparences,
que l'éloignement prodi-
gieux où les étoiles sont de
nous, qui fait que nous ne
les trouvons pas sujettes à
de pareils déplacemens ;
mais quand elles conserve-
roient toûjours entre elles
G ij

les mêmes raports de distance, je ne vois pas qu'on en
pût conclure autre chose ,
sinon qu'elles se trouve-
roient dans le cas où se
trouvent les parties de tout
corps solide ; leur repos seroit relatif. On aura donc
beau prendre leur assem-
blage pour le lieu phisique
de tous les corps qui sont à
la portée de nos sens ,
nous ferons toûjours en
droit de regarder ce lieu ,
comme un corps parti-
culier , capable lui-même
de changer d'état par ra-
port à quelqu'autre espace
plus étendu , dans lequel ,
si bon nous semble , nous

le fupoferons renfermé; car
quelles bornes peut-on
donner à l'Univers? Ajoû-
tons à cela que quelque
fupofition que l'on faffe ,
l'état d'aucun lieu phifique
ne peut jamais être déterminé : car s'il eft vrai ,
comme je l'ai déja fait voir,
que la maffe totale de la
matiere ne foit ni abfolument en repos , ni abfolument en mouvement, on
doit convenir que quand
toutes fes parties fe trouve-
roient dans un parfait repos
relatif, le tout n'en deviendroit pas plus propre à former un lieu phifique fur
l'état duquel on pût rien
G iij

ftatuer. Ainfi que dans cette fupofition un feul Atome vint à fe mouvoir par
raport à tout le refte; on
pourroit dire, fi l'on vou-
loit, que tout le refte feroit en mouvement par ra-
port à l'Atome : De même
en reprenant le boulet qui,
felon la fupofition que j'ai
faite, nous paroîtroit aller
d'Orient en Occident avec
la même viteffe qu'un Af-
tronome donneroit à la terre
d'Occident en Orient, on
voit bien que fi dans ce cas
le boulet rencontroit un
autre corps, auquel il communiquât toute fa viteffe,
alors l'Aftronome pourroit

dire que ce feroit ce corps
là même qui communique-
roit toute la fienne au boulet, & qu'après ii ne chan-
geroit de raport de diftance
avec les parties de la furface
de la terre, que parce que
la terre continuëroit de fe
mouvoir. Tout cela doit
entrer aifément dans l'efprit
de ceux qui font accoûtu-
més à penfer ; ils voyent
bien que puifque le mou-
vement n'eft dans les corps
qu'un fimple changement
de raport de diftance, il
faut de neceffité qu'il y foit
réciproque.

Pour ne nous point trom-
per, il faudroit que nous

ne regardaſſions les differentes parties de la matiere,
que comme feroit une pure
intelligence ſpectatrice de
l'Univers entier, & qui ne
feroit attachée à aucun lieu
phiſique ; c'eſt qu'alors ,
comme rien ne nous ſervi-
roit de point fixe , nous
n'aurions nulle peine à
concevoir que tout eſt reſpectif dans le mouvement ;
je veux dire que nous ju-
gerions, par exemple, qu'on
pourroit également penſer
que c'eſt la terre qui ſe
meut, ou que ce ſont les
Cieux qui tournent autour
de la terre : toute hypothe-
ſe , toute ſupoſition nous

paroîtroit également fon-
dée : c'eſt ce que ſemble
vouloir nous faire entendre
M. Deſcartes quand il nous
dit que *le mouvement eſt l'é-
loignement d'un corps du voiſinage de ceux qui le touchent
immediatement*, & *qu'on regarde comme en repos*. En
effet pourquoi veut-il que
pour juger de l'état d'un
corps, on ne faſſe pas attention à ceux qui ſont
éloignés de lui, comme à
ceux qui lui ſont immediatement apliqués? c'eſt qu'il
arrive ſouvent que lorſqu'a-
vec les uns il a des raports
de diſtance ſucceſſifs, il
en a de permanens avec les

autres. Pourquoi veut-il encore qu'on supose en repos le lieu exterieur qu'il lui plaît de donner aux corps qui se meuvent? c'est que l'étenduë & la matiere étant une même chose, on ne peut admettre aucun point fixe dans la nature, & qu'ainsi quand les corps ont entre eux des raports de distance successifs, le mouvement ne peut être attribué aux unes plûtôt qu'aux autres que par suposition.

C'est ainsi que raisonnera tout Philosophe exact, & qui sçaura se rendre maître du principe fondamen-

tal de la nouvelle Philosophie ; car si l'étenduë créée
est la seule qu'on puisse suposer dans la nature , il faut
de necessité convenir qu'un
corps ne peut être , ni en
repos , ni en mouvement ,
que relativement aux autres
corps dont chacun lui sert
de lieu phisique , comme il
en sert lui-même à chacun
des autres.

Et dans le fond quel au-
tre lieu pouroit-on raisonnablement donner à la ma-
tiere? que seroit-ce que ces
espaces où l'ancienne Philosophie prétend la renfermer ? On auroit assez de
peine à le dire ; il est vrai

que ceux qui les admettent
essayent de les définir. Les
uns disent que c'est un rien
étendu dont les dimentions
sont positives, d'autres que
c'est un Estre réel qui n'est
pourtant pas une substance,
d'autres que c'est l'immensité même de Dieu : & tout
cela se dit serieusement ;
mais que nous importe ?
Qu'on définisse comme on
voudra l'espace incréé, il
restera toûjours à nous faire
voir que cet espace existe ;
car enfin rien ne manifeste
son existence. On sçait que
les Philosophes qui se déclarent pour la plenitude
universelle , sont obligés

de reconnoître qu'ils n'ont
jamais aperçû que l'éten-
duë de la matiere ; on
sçait de plus que nulle ope-
ration de la nature n'a-
nonce le vuide ; il seroit
donc inutile de le produire
ici contre nous, nous ne
l'admetrons que quand on
fournira ses titres : peut-
être aussi ceux qui l'admettent ne le font-ils que parce
qu'ils sont déja prévenus
que l'état des corps doit
être déterminé : car s'il faut
que les corps soient ou absolument en repos, ou ab-
solument en mouvement,
il est nécessaire de leur trouver un lieu fixe, & distin-

gué de la matiere, dont les parties n'ont nulle stabilité. Les erreurs se tiennent comme les verités ; aussi est-ce par-là qu'il est aisé de les reconnoître. On s'assure qu'il n'y a rien d'absolu ni dans le mouvement ni dans le repos, parce qu'il est manifeste que l'étenduë fixe qu'on supose renfermer les corps, & qui seule pouroit déterminer leur état, ne peut être raisonnablement admise de quelque maniere qu'on la conçoive. En effet vouloir que cette étenduë soit un néant, ou un rien qui puisse se mesurer, & où l'on

puisse distinguer des parties
de differentes figures ou de
differente grandeur, ou
bien vouloir que ce soit un
Estre qui subsiste par lui-
même, & refuser en même
tems de le mettre au rang
des substances, ce sont deux
opinions dont on sent da-
bord le ridicule. Mais ce
seroit bien pis de confon-
dre cette étenduë incréée
avec l'Immensité Divine :
C'est que comme chaque
corps a son lieu particulier,
il s'en suivroit qu'il y auroit en Dieu des parties
distinguées les unes des
autres ; ce qui le dégra-
deroit, ce qui le feroit

déroger à fa fimplicité.

A achons - nous à des principes moins dangereux & plus folides. Reconnoiffons que tout efpace eft efpace créé. Ce fera fur ce pied-là que nous admetrons le vuide : car comme je l'ai déja dit, le vuide conçû fous l'idée qu'on doit s'en former, n'eft que la matiere dépoüillée de qualités fenfibles, & reduite à n'avoir que ce qu'elle tire de fon propre fond. En effet ôtons - en les couleurs, les fons, les odeurs, la force, les tendances, en un mot tout ce qui nous en fait diftinguer les differentes

rentes parties, que nous
offrira-t-elle alors ? une
simple étenduë, un es-
pace divisible & mesura-
ble.

Il semble qu'on soit à l'é-
gard du vuide dans le mê-
me préjugé, où l'on est à
l'égard du tems, quand on
le regarde comme renfer-
mant l'existance successive
des Estres créés : c'est qu'à
proprement parler, le tems
est la succession même ata-
chée à l'existance de la créa-
ture : * car le tems a com-

* On se figure par une erreur d'I-
magination qu'indépendamment de
l'existance des creatures, il y a une
certaine durée successive, qui n'a point
eu de commencement, & qui ne peut

mencé, & il finiroit auffi
dans la fupofition que la
creature fut aneantie. De
même on s'imagine que le
vuide eft le lieu des corps,
qu'il les renferme, quoique
les corps & le vuide foient
précifément la même chofe:
car l'Univers anéanti, s'il
reftoit encore quelque lieu,

avoir de fin. C'eft même de cette durée qu'on forme l'Eternité de Dieu ;
comme fi l'Etre Infiniment parfait
pouvoit éprouver quelque fucceffion,
lui qui poffede fon Eftre tout à la fois.
Ayons des idées plus faines, Dieu n'a
point été, il ne fera point, mais il
eft. Pour la creature, elle ne joüit de
fon exiftance qu'en détail : nous n'exif-
ftons pas encore pour l'avenir, & nous
ne fommes pour le prefent, qu'en
ceffant d'être pour le paffé ; nous nous
fuccedons continuellement à nous-mêmes.

quelque espace, ce qui reste-
roit seroit immuable & nécessaire , ce seroit quelque
chose que Dieu ne pourroit
détruire, & qui se déroberoit
à sa souveraine puissance:
dépendance fâcheuse de l'i-
dée qu'on se forme du vuide; aussi cela seul suffiroit-il
pour nous faire rejetter
l'opinion commune. Ne fei-
gnons donc point de reconnoître que tout lieu, que
tout espace est créé ; mais
ce principe une fois admis,
nous conclurons sans pei-
ne que les corps se servant
mutuellement de lieu phisique, il faut que tout mouvement soit par lui-même

H ij

respectif & réciproque.

Ce qui devroit faire impression sur l'esprit de ceux qui défendent le mouvement absolu , c'est l'embaras où ils voyent que font les Philosophes , quand ils veulent déterminer l'état de chaque corps en particulier. On voit même que les Défenseurs du vuide ne sçavent alors comment s'y prendre ; ils ont beau se representer la matiere comme renfermée dans des espaces immobiles , ils n'en font pas plus avancés pour cela: car comment peuvent-ils connoître la nature des raports que les corps ont

avec les parties de ces ef-
paces , fur lefquels nos
fens n'ont point de prife ?
Comment peuvent-ils s'af-
furer fi ces raports font
permanens ou fucceffifs ?
Cela ne leur eft nullement
poffible ; mais les nouveaux
Philofophes ne font pas
meme dans le cas de l'in-
certitude à cet égard ; car
dès qu'ils fçavent qu'il n'y
a point d'autre étenduë que
celle de la matiere ; il eft
clair que s'ils veulent s'en
raporter à leurs propres
idées, il faut qu'ils recon-
noiffent que l'état des corps
eft non feulement indéterminé par raport à nous ;;

mais qu'il est encore indé-
terminable en lui-même.

Je suis sûr qu'il n'y a point
de Cartesien dévoüé à l'erreur du mouvement absolu,
qui ayant fait cette réflexion, n'ait souvent été ten-
té de reconnoître un espace
distingué de la matiere ;
mais l'embaras, c'est qu'on
sent bien que si la matiere
est autre chose que de l'é-
tendüe, il ne faut plus la
restraindre à n'avoir pour
proprietés que des figures
& de simples changemens
de raports de distance, & dés
lors on n'est plus en droit
de lui refuser ni les forces,
ni les vertus, ni les qualités

sensibles dont le Cartesia-
nisme la dépoüille. Il faut
même souffrir qu'on réhabi-
lite les causes secondes, les
qualités occultes, & les for-
mes substantielles : car tout
cela peut fort bien être l'a-
panage de ce qui constituë
l'essence de la matiere, si
la matiere & l'étenduë ne
font plus une même chose.
Vous trouveriez à la verité
des Cartesiens que cela
n'embarasseroit pas beau-
coup, les idées Philoso-
phiques se trouvent pêle-
mêle dans leur esprit ; c'est
le hazard qui les y as-
semble ; tout sistême lié
dans ses parties les fatigue-

roit; ils philofophent com-
modément ; ils reçoivent
volontiers les principes qui
leur conviennent; mais auſſi
ont-ils foin d'en rejeter les
conſequences , quand elles
ne les accomodent pas. Su-
poſons donc que des Phi-
loſophes de ce caractere
admiſſent une autre éten-
duë que celle des corps ,
je foutiens qu'ils n'y trou-
veroient pas encore leur
compte ; car j'ai trop ac-
cordé à ceux qui défendent
le vuide , quand j'ai dit
qu'en admetant un eſpace
diſtingué de la matiere ,
ils avoient de quoi caracte-
riſer le mouvement abſolu.
En

En effet quand on leur
pafferoit leur fupofition ,
cela ne les avanceroit de
rien ; Il eft clair qu'afin
qu'ils puffent trouver quelque chofe d'abfolu dans
l'état des corps, il ne fuf-
firoit pas que toutes les
parties de l'efpace auquel
ils ont recours fuffent dans
un parfait repos relatif; il
faudroit encore que l'état
de l'efpace entier fût lui-
même déterminé. Mais
d'où pouroit venir fa dé-
termination ? Car on con-
vient de ce principe, qu'il
ne peut y avoir ni repos
ni mouvement fans rela-
tion externe, fans raport

I

de diſtance ou permanent,
ou ſucceſſif : l'eſpace qui
ne ſeroit pas matiere, ſeroit
donc dans le cas où, ſelon
nous, ſe trouveroit tout
corps particulier qui exiſte-
roit ſeul, & qui n'ayant
aucun lieu exterieur aux
parties duquel il pût répondre, ne pouroit être dit ni
en mouvement ni en re-
pos. Les Carteſiens, ceux
à qui nous avons affaire,
auroient donc bien tort de
recourir à l'eſpace imaginé
par les anciens Philoſophes;
ils ne pouroient l'admetre
qu'en pure perte pour eux;
ainſi toute reſſource leur
manque de ce côté-là. Ju-

geons donc où ils en fe-
roient, fi après s'être inf-
truits des raifons qui nous
font déclarer pour le mouvement relatif, ils fe trouvoient obligés à leur tour
de nous déveloper leurs
idées, & de nous faire voir
fur quels principes ils pré-
tendent établir le mouve-
ment abfolu. Je crois qu'il
y auroit du plaifir à les
fuivre : ce feroit un grand
hazard s'ils s'accordoient
mieux entr'eux, qu'ils ne
s'accordent avec eux-mê-
mes. Difpenfons-les cependant de s'expliquer, qu'ils
s'en tiennent à des déci-
fions vagues, autorifées des

préjugés vulgaires, & qu'ils
ne mettent point au jour
les raisons qui les font décider; ils n'interessent déja
que trop l'honneur du Car-
tesianisme. Laissons-les
penser à leur maniere. Eh
que nous importe de sçavoir
ce qu'ils pensent! peut-être
ne le sçavent-ils pas eux-mêmes. N'occasionons point
de nouveaux reproches à
la Philosophie de M. Des-
cartes; nous ne sçaurions
menager ses interêts avec
trop de soin; de nouveaux
ennemis, mais dangereux,
s'élevent pour la combatre,
& ceux qui devroient prendre sa défense, sont sur le

point de lui échaper. Il se
trouve à present moins de
Philosophes qu'on ne pen-
se ; nous avons d'habiles
gens en tout genre ; il est
vrai ; mais un talent n'a-
nonce pas toûjours tous les
autres. Voyez les illustres
Emules des sçavans de nôtre
nation ; quels progrès ne
font-ils pas dans les Arts ?
la Geometrie semble n'avoir
rien de caché pour eux ,
tout paroît soumis à leurs
calculs ; mais écoutés les
philosopher , vous ne les
reconnoissés plus ; ce ne
sont plus les mêmes hom-
mes. C'est que dans la re-
cherche des verités abstrai-

tes, l'esprit est entierement
abandonné à lui-même,
nulle voye mechanique ne
peut alors le conduire,
tout lui fait même obstacle,
s'il n'a la force de s'élever
au dessus des impressions
sensibles, & de se dépoüil-
ler des préventions qu'il
confond avec les notions
communes, & qui semblent
lui être inspirées par la nature même. Aussi ceux que
les idées metaphisiques n'a-
comodent pas, sont-ils en
sûreté, ils ne doivent point
craindre que les principes
abstraits, qu'on opose à
leurs préjugés, puissent
prévaloir dans l'esprit du

commun des hommes. Pour les préventions que favorisent les sens & l'imagination, elles sont toûjours bien reçûës ; elles obtiennent aisément les suffrages, & de ceux qui ne sçavent rien, & de ceux qui ne sont que sçavans ; il faut s'y attendre, ce mal est necessaire ; mais ce qu'il y a de plus fâcheux, c'est que la science même sert souvent de passeport à l'erreur. Un homme aura de meilleurs yeux que les autres ; il aura épié avec perseverance ce qu'il y a de delié dans les operations de la nature, & ce qui communément doit

I iiij

échaper; en voilà affez pour
lui faire obtenir un titre;
il s'en prévaut, il decide,
& fouvent au hazard; il
n'importe; on fe rend à fes
décifions, le prejugé eft
pour lui; c'eft-à-dire que
parce qu'il a mieux vû que
les autres, on croit qu'il
fçait mieux penfer. Des
gens par un travail aflidu
fe feront rendu familiers
certains caracteres fimbo-
liques; ils fçauront les ran-
ger & les combiner fuivant
les regles invariables de leur
Art; fi le hazard veut que
dans leur chemin ils ren-
contrent quelque fingula-
rité dont on ne foit pas en-

core inſtruit; en voilà aſſez
pour les mettre en credit;
qu'ils parlent bien ou mal,
& ſur ce qu'ils voudront;
leur nom décidera, ſi la rai-
ſon n'eſt pas pour eux.

Ceux qui exercent leur eſprit ſur des ſujets palpables,
ont un grand avantage,
ils ſurprennent aiſément &
l'eſtime & la confiance des
perſonnes dont les lumie-
res ſont renfermées dans la
Sphere des idées ſenſibles,
je veux dire qu'ils ne peuvent guéres manquer d'a-
voir un grand nombre d'a-
probateurs: on eſt intereſſé
à faire valoir en eux un
merite auquel on ſe flate de

pouvoir ateindre ; les aprou-
ver, c'est s'estimer soi-même ;
ainsi tout leur est favorable ;
& avec des talens souvent
mediocres , ils ont le bon-
heur d'être plus de mise
qu'ils ne le seroient avec
de rares qualités. Pour
nous ne soyons point les
dupes des préventions vulgaires ; songeons qu'il est
toûjours aisé d'aprendre,
il n'en coûte que de le
vouloir : Aussi combien
voyons-nous de gens, de
qui l'on pouroit dire qu'ils
sçauroient tout, s'il ne leur
manquoit de sçavoir penser :
mais le malheur, c'est que
l'élevation du genie n'est

pas toûjours le fruit de la
science. Il est vrai qu'il y
a des Arts qui aident l'esprit dans ses operations, &
qui, pour ainsi dire, le ferti-
lisent, & lui font produire
tout ce qu'il peut tirer de
son propre fond; du moins
faut-il convenir que la Geometrie lui procure cet avantage : ses methodes lui pré-
sentent les raports de toutes les idées ausquelles il est
en état d'atteindre ; elles le
conduisent, elles le gui-
dent dans ses démarches ;
mais malgré cela nous ne
voyons que trop qu'elles
ne lui donnent ni plus de
force, ni plus d'élevation:

la facilité de s'élever au deffus des idées fenfibles & des
conceptions communes, eft
toûjours un prefent de la
nature. Heureux qui fe
trouve favorifé de ce côté-
là! mais plus heureux en-
core celui qui fur un genie
élevé ente un efprit geome-
trique! il peut tout fe pro-
metre, & nous devons
tout attendre de lui. Où M.
Defcartes n'a-t-il pas porté
fes vûës, conduit par ce
double efprit? car ne lui reprochons plus d'obfcurité
affectée qu'il jette fur la
nature du mouvement; il
s'explique affez pour qui

veut l'entendre ; * rendons-
lui justice ; c'est de lui qu'on
tient le mouvement relatif

* Il dit Article 24. 2. Partie de
ſes principes , comme une choſe en
même tems change de lieu & n'en
change point, de même nous pouvons dire qu'en même tems elle ſe
meut & ne ſe meut point ; & plus
bas Article 29. il (le mouvement) eſt
reciproque , & nous ne ſçaurions concevoir que le corps A B ſoit tranſporté du voiſinage du corps C D que
nous ne ſçachions auſſi que le corps
C D eſt tranſporté du voiſinage du
corps A B , & qu'il faut autant d'action pour l'un que pour l'autre , tellement que lorſque nous verions que
deux corps qui ſe touchent immediatement , ſeront tranſportés l'un d'un
côté & l'autre d'un autre , & ſeront
réciproquement ſeparés , nous ne ferons point difficulté de dire qu'il y a
autant de mouvement en l'un qu'en
l'autre. J'avouë qu'en cela nous nous
éloignerons beaucoup de la façon de
parler qui eſt en uſage.

& reciproque. C'est auffi de
lui que nous tenons toutes
les veritès abftraites qui dif-
fipent les erreurs de nos
fens, & celles de nôtre imagination. Nous n'avons
préfentement que le merite
de nous prêter à fes lumie-
res : Ayons de la recon-
noiffance ; il nous épargne
un travail qui peut-être feroit au deffus de nos forces.

Il eft certain que la Geometrie a dabord contribué
à la naiffance de la Philofophie Cartefienne ; ajoûtons
qu'elle a auffi fervi à fon
établiffement : Pourquoi
donc, par un fâcheux re-

tour, en arrête-t-elle à prefent les progrès? C'eft que nos Geometres fe renferment tellement dans leur Art, que leur efprit ne trouve plus de prife à ce qui fe dérobe à leur imagination. Ce n'eft pas tout, ils tombent dans un abus qui les conduit néceffairement à l'erreur; ils font des fupofitions pour fe mettre en état de fuivre plus aifément, leurs methodes, & pour faciliter l'aplication de leurs regles; mais leurs fupofitions font elles faites? Ils les réalifent, & les donnent pour des principes : veulent-ils, par exemple, faire mouvoir les corps librement? Ils les regardent comme renfermés dans un espace degagé de la matiere, & puis ils tirent de-là qu'il y a du vuide dans la nature, ou du moins qu'il y en peut avoir. Si quelquefois, pour éviter d'entrer dans des discutions inutiles, ils suposent de la pesanteur, de la force, & des tendances dans les corps, aussi-tôt ils en concluent que tout cela doit s'y trouver à titre de qualités réelles. Ils s'y prennent de même par raport à l'état de la matiere; ils le déterminent d'abord par suposition, &le regardent

regardent après cela comme
abfolument déterminé. On
void bien qu'en voilà plus
qu'il n'en faut pour les en-
gager à profcrire le Carte-
fianifme dans fon entier; car
n'en détachât-on qu'un feul
principe , il faudroit que
tous les autres tombaffent
d'eux-mêmes ; mais cette
dépendance mutuelle de
toutes fes parties n'eft pas
ce qui fait fon moindre
merite.

Au refte les fupofitions
qu'on ne donne que pour
ce qu'elles font , ont toûjours leur utilité ; elles fou-
lagent nôtre imagination en
fixant nos idées. Les ope-

K.

rations phifiques deman-
dent fouvent qu'on en faffe,
& alors c'eft aux plus fimples qu'on doit s'attacher.
Ainfi que je vouluffe faire
des experiences pour jufti-
fier les loix du mouvement,
je commencerois par fupo-
fer la terre en repos; car
autrément je ne pourrois
avoir que des mouvemens
compliqués, dont l'examen
fatigueroit plûtôt l'efprit
qu'il ne l'éclaireroit. Mais
fi je voulois établir le Siftême du monde, je ferois
le contraire; je fupoferois
la terre en mouvement;
c'eft que le jeu mechani-
que des parties de l'Univers

en deviendroit plus facile
à suivre, & puis cette suposition fourniroit même plus
d'uniformité. Car dès qu'on
fait mouvoir les Planettes,
pourquoi une seule se trou-
veroit-elle exceptée ? Mais
avec tout cela je ne ferois
que des supositions, & si je
prenois les plus simples,
ce ne seroit que parce que
je les trouverois les plus
commodes : c'est que rien
ne m'obligeroit absolument
à leur donner la préferen-
ce.

En effet quelque suposi-
tion qu'on voulût faire, on
trouveroit toûjours un me-
chanisme, qui s'ajusteroit

parfaitement aux loix des communications des mouvemens, à celles que l'experience nous a fait découvrir. Il est vrai que toutes autres loix se fussent continuellement démenties dans les differens états, où peuvent être supposées les differentes parties de la matiere, comme je le ferai voir dans une dissertation qui suivra de prés celle-ci, & peut-être paroîtra-t-il étonnant qu'entre une infinité de loix possibles que Dieu pouvoit choisir, suposé que le mouvement soit quelque chose d'absolu, son choix soit justement tombé sur les seules,

que pouvoit comporter
l'hypothese du mouvement
relatif. Si cette hypothese
est fausse, l'erreur est trop
favorisée.

Mais il me reste à exa-
miner ce qui peut produire
le mouvement, & de quelle
maniere il se communique;
deux questions, dont voici
ce me semble la resolution:
on void d'abord que le principe du mouvement ne peut
se trouver dans les corps ,
qu'il ne doit point être mis
dans le rang de leurs qualités ; car toute qualité est
nécessairement attachée à
quelque sujet particulier.
Or puisque le mouvement

est toûjours respectif & réciproque, il s'ensuit que quand deux corps changent entr'eux de raports de distance, la vertu motrice n'est pas plus la qualité de l'un que la qualité de l'autre, & qu'ainsi elle n'est la qualité ni de l'un ni de l'autre. Le principe du mouvement est donc un principe general, il ne faut donc le chercher que dans la volonté toute puissante d'un Estre superieur, qui range à son gré toutes les parties de l'Univers, & qui met entr'elles tous les raports que bon lui semble.

De-là il suit qu'un corps

n'en peut mouvoir un autre,
il ne peut que lui occasionner du mouvement ; mais
comment lui en occasion-
nera-t-il ? on croiroit d'a-
bord que pour le décou-
vrir il seroit nécessaire de
consulter l'experience ; car
toute occasion physique
semble n'être determinée
que par une institution purement arbitraire. Cepen-
dant regardons y de près,
nous nous apercevrons
bien-tôt que la rencontre
des corps peut seule être
la cause de la distribution
du mouvement, du moins
s'il faut que cette cause soit
generale. En effet suposons

qu'il y eût une loi par laquelle tous les corps dûſſent ou s'atirer ou ſe repouſſer en ſe préſentant ſimplement les uns aux autres ; il eſt clair que comme l'attraction ou l'expulſion ſeroit reciproque de toute part, tout demeureroit en équilibre, & qu'ainſi le mouvement ſeroit détruit par la loi même, ſelon laquelle nous voudrions qu'il ſe communiquât.

On voit donc préſentement ce que c'eſt que le mouvement, quelle eſt ſa cauſe, & comment il ſe communique. Je ſçais que des refléxions differentes

des

des miennes vont paroître
fous les aufpices de l'Académie des Sciences , &
qu'elles feront revêtuës de
fon Jugement. Je fçais même que les Juges nommez
par cette Académie ont dé-
cidé que le mouvement tel
qu'il eft dans les corps mûs
eft autre chofe qu'un fimple
changement de raport de
diftance , ce qui formera
peut-être un préjugé contre
mon Siftême. Mais outre
que d'illuftres Académiciens
fe font déclarés pour le
mouvement relatif, j'aprens
que les mêmes Juges ont
auffi prononcé en faveur
de l'efficace des caufes fe-

L

condes. Ainsi ce ne sont plus des Cartesiens qui sont chargés de nous instruire, ce sont des Disciples ou d'Aristote ou d'Epicure: leur jugement ne fera donc loi que pour ceux qui sont encore attachés aux principes de l'ancienne école.

Peut-être sera-t-on un peu surpris que l'Academie * paroisse présentement se déclarer contre le nouveau

* Il est fâcheux que l'Academie paroisse responsable de ce qui n'est que le fait de quelques Particuliers : c'est qu'il est constant que la piéce qu'elle va nous donner ne lui a été communiquée qu'après le Jugement porté, & même juridiquement prononcé. Ainsi à la rigueur rien ne l'oblige d'adopter les opinions que ce Jugement favorise,

Siltême philofophique ,
contre un Siftême que de
grands hommes (des
hommes rares) ont défen-
du avec tant d'avantage, &
fous fes propres yeux. Peut-
être auffi penfera-t-on qu'il
ne falloit pas tant d'apareil
pour décider que l'état de
la matiere eft déterminé ,
& que les corps·mûs ont
en eux une force réelle ;
car c'eft là l'opinion du
commun des hommes , je
dis même de ceux qui font
difpenfez de refléchir ; mais
pour moi je croirai, fi l'on
veut, que Meffieurs les Juges
ne font revenus aux fenti-
mens populaires qu'à force

de refléxions. Ceux qui ne
penfent point du tout, &
ceux qui penfent beaucoup,
fe rencontrent quelquefois
au même point; & c'eft ainfi
que les extrêmitez fe touchent.

A V I S.

ENFIN nous avons la
piéce qui a remporté
le premier prix de l'Academie des Sciences. L'Au-
teur, pour mieux refoudre
les trois queftions propofées
par cette Académie, com-
mence par démontrer que
l'efpace & la matiere font
une même chofe; que le

corps est une substance étenduë, & que cette substance
est l'étenduë même : En-
suite il pretend faire voir ,
1°. Que les causes secondes
peuvent produire du mou-
vement dans la matiere :
2°. Que le mouvement est
l'état actif d'un corps qui
parcourre un espace : 3°.
Que tout corps mû ayant
en lui-même une activité
réelle doit par sa propre
vertu mouvoir ceux qui s'o-
posent à son passage. Je suis
donc obligé de me dédire
ici : on doit présumer que
Messieurs les Juges tiennent
encore à l'idée fondamen-
tale de la Philosophie mo-

L iij

derne ; mais ils reçoivent
les conſequences des principes de l'ancienne école.
Exemple ſingulier d'une
neutralité parfaite.

ADDITION.

*Ce qu'on nomme force ou ef-
fort dans la matiere, n'y doit
point être regardé comme un
principe de mouvement.*

Si la force produiſoit le
mouvement comme cauſe
veritable, le mouvement
qu'elle produiroit lui ſeroit
toûjours proportionné ; car
tout effet répond toûjours
exactement à ſa cauſe : or
nous voyons ſouvent dans

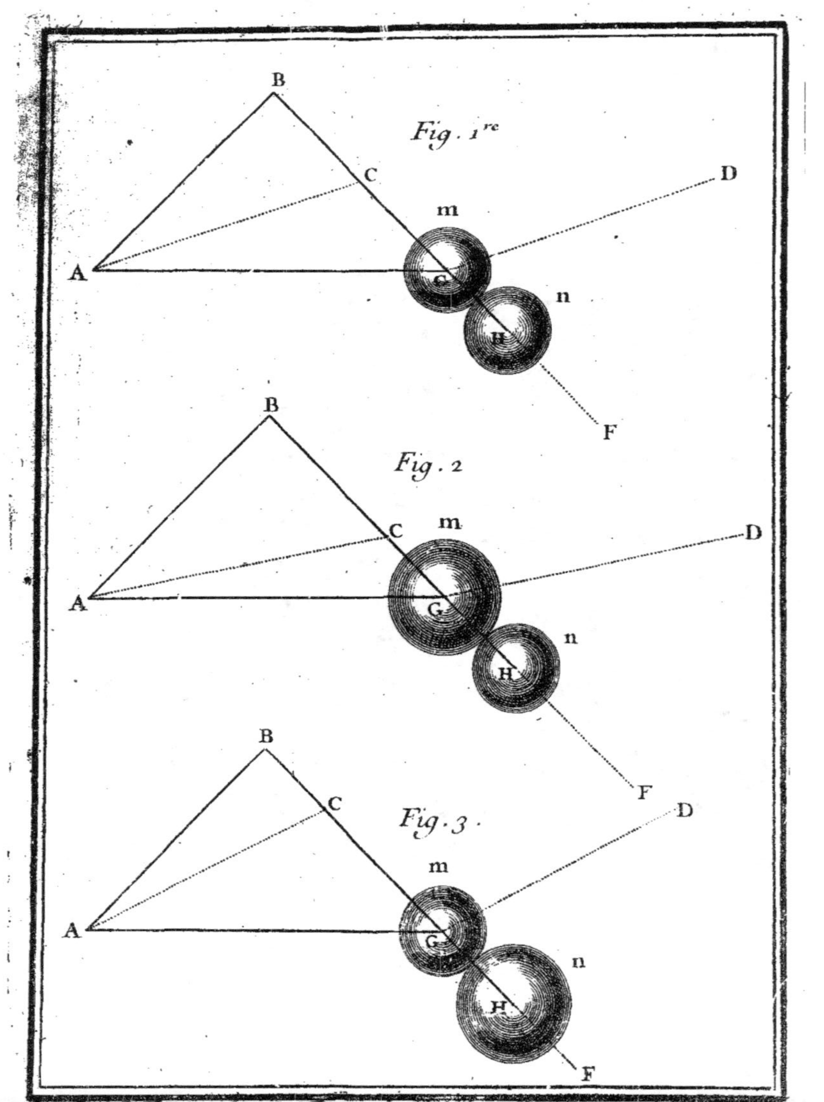
Fig. 1re
B
A
C
m
D
n
G
H
F

Fig. 2
B
A
C
m
D
n
G
H
F

Fig. 3
B
A
C
m
D
n
G
H
F

la matiere des effets difpro-
portionnés à la force qui
paroît les produire , & je le
prouve.

Je fupofe que le corps
m * foit parti du point *A*,
& qu'il rencontre obliquement le corps *n*, j'unis leurs
centres de gravité par la
ligne *H G* , prolongée juf-
qu'en *B* où tombe la per-
pendiculaire tirée du point
n : on voit alors que le corps
n doit être frapé par *m* de la
même maniere qu'il le feroit,
fi *m* étoit parti de *B*. Main-
tenant je coupe la ligne *B G*
au point *C* , enforte que *B C*
foit à *C G* comme *m* eft à *n* ;

* *Voyez fig.* 1. 2. & 3.

& puis je prens G D égale
& parallele à A C , & sur la
ligne B H prolongée du côté de H , je prens H F égale
à B C ; il est évident que ces
deux lignes doivent expri-
mer & la vîtesse & la direc-
tion des deux corps après
leur rencontre : Or à cause
de la proportion $HF \times n$
est égal à $CG \times m$: donc
le mouvement après le choc.
vaudra $\overline{AC + CG} \times m$, au
lieu qu'avant le choc il ne
valloit que $AG \times m$: donc
on aura dans ce cas une
force primitive d'où naî-
tront deux mouvemens dif-
ferens qu'on ne poura su-
poser lui être proportion-

més. Mais on peut aller plus loin. Imaginons-nous que *m* & *n* après le choc vinssent aussi à rencontrer obliquement deux autres corps, & que ceux-ci en rencontrassent encore d'autres de la même maniere, il est clair que de pareilles rencontres infiniment multipliées produiroient un mouvement infini ; un mouvement qui ne tiendroit plus rien de la limitation de sa premiere cause. De-là je conclus que *ce qu'on nomme force ou effort dans la matiere, n'y doit point estre regardé comme un principe de mouvement.*

Une réflexion un peu

prématurée, * mais que je
ne puis me défendre de
faire ici, c'eſt qu'il eſt étonnant que dans la néceſſité
où l'on eſt de réparer la
perte des mouvemens con-
traires, perſonne ne ſe ſoit
encore aviſé de l'expedient
dont je viens de faire naître l'idée. Nous voyons
même que la plûpart de nos
Phiſiciens cherchent encore à ranimer la nature par
le moyen de la force élaſ-
tique, comme ſi le jeu du
reſſort ne dépendoit pas
des loix communes du mou-
vement, & de l'action d'une

* Ceci apartient à la diſſertation que
j'ai déja annoncée.

matiere insensible, reduite elle-même à la condition
des corps dont nos sens sont
frapés, & sujete aux mêmes
pertes. Mais en matiere de
phisique on n'y regarde pas
toûjours de si prés. Il est
vrai qu'on veut bien avoüer
que les frotemens & la té-
nacité des parties du ressort
causent nécessairement des
non-valeurs dans sa force,
& le mettent ainsi hors d'é-
tat de réparer totalement les
pertes de la nature. Aussi
veut-on que Dieu ait soin
d'imprimer de tems en tems
un nouveau mouvement à
la matiere, à peu près comme un Ouvrier entendu qui

çait à propos retoucher à son ouvrage, si quelque chose vient à s'y démentir. Du moins est-ce-là ce que pense l'Illustre M. Neuton; c'est qu'il n'a pas voulu s'appercevoir que les loix simples des communications des mouvemens fournissent elles-mêmes une ressource contre les inconveniens aufquels elles sont sujettes.

FIN.